城市燃气行业岗位培训教材

燃气用户安全检查

陆文美　主编

中国建筑工业出版社

图书在版编目（CIP）数据

燃气用户安全检查/陆文美主编 . —北京：中国建筑
工业出版社，2013.3
（城市燃气行业岗位培训教材）
ISBN 978-7-112-15257-5

Ⅰ.①燃…　Ⅱ.①陆…　Ⅲ.①城市燃气—用户—安全
检查　Ⅳ.①TU996.9

中国版本图书馆 CIP 数据核字（2013）第 052335 号

　　本书针对我国燃气行业安全检查相关岗位的工作内容与岗位要求结合燃气企业的实际工作资料进行编写。内容包括：正确运用上门服务的礼仪；居民用户燃气管道安检的内容；正确使用相关工具对居民用户燃气管道各部分进行安全检查；识别常见的户内燃气系统安全隐患；将识别的安全隐患准确告知客户，提出适当的整改措施；正确填写相关表格并将用户资料整理归档。

　　本书适合从事国内各地燃气公司、天然气管网公司从事户内安全检查和楼栋管安全检查的人员阅读。

* * *

责任编辑：李　　明
责任设计：董建平
责任校对：张　颖　赵　颖

城市燃气行业岗位培训教材

燃气用户安全检查

陆文美　主编

*

中国建筑工业出版社出版、发行（北京西郊百万庄）
各地新华书店、建筑书店经销
华鲁印联（北京）科贸有限公司制版
北京世知印务有限公司印刷

*

开本：787×1092 毫米　1/16　印张：3½　字数：85 千字
2013 年 3 月第一版　2013 年 10 月第二次印刷
定价：**13.00** 元
ISBN 978 - 7 - 112 - 15257 - 5
　　　（23360）

前　言

随着我国天然气工业的快速发展和沿海地区 LNG 工程的蓬勃兴起，燃气行业对技术人员尤其是一线技术人员的需求量出现井喷状态。目前燃气行业从业人员的人数相对缺乏，从业人员的综合素质和岗位技能有待提高。因此对燃气行业的从业人员和即将从事燃气行业一线技术工作的人员开展相关培训显得十分必要和迫切。

本套培训教材包括《优秀班组创建》、《燃气大客户营销管理》、《燃气用户安全检查》、《燃气管线巡查》四个专题。适合国内各地燃气公司、天然气管网公司的一线技术和管理人员，适用面广，实用性强。我们意将这套培训教材作为企业培训和职业教育课程改革的结合点，探索将现代职业教育理念融入企业培训教材，更好地为企业和行业服务。

本书根据教育部等部委启动的"技能型紧缺人才培养培训工程"在全国范围内引入"工作过程系统化"课程的理念，"居民用户安全检查"教材的编写理念，学习目标体现职业能力的培养；学习内容是来自职业岗位的典型工作任务，具有完整的工作过程；学习方法采取理论与实践一体化的学习，体现完整的行动模式。

本套培训教材由广州市交通运输职业学校主持实施，深圳市燃气集团股份有限公司龙岗管道气分公司（以下简称龙岗公司）提供技术支持。主编为龙岗公司周卫和广州市交通运输职业学校刘建平、沈瑾雯。

本书由陆文美主编，肖淑衡参编。全书由陆文美统稿，肖淑衡修改。龙岗公司的蒋磊、陈凤英、姚洪艳、蒋叶为本书的编写提供了大量的实际案例、资料；在编写过程中龙岗公司的田英帅提供了大量宝贵的建议；广州振戎燃气连锁经营公司的胡志炼提供了相关资料，在此一并致谢。

由于编者的水平有限，书中难免有不妥之处，欢迎批评指正。

目　录

学习目标

完成本学习任务后，您应当能够：

1. 正确使用上门服务的礼仪；
2. 明确说出居民用户燃气管道安全检查的内容；
3. 正确制定合理的安检计划；
4. 正确使用相关工具对居民用户燃气管道各部分进行安全检查；
5. 根据城镇燃气室内设计规范和居民用户燃气管道安全检查技术标准，识别常见的户内燃气系统安全隐患，并将安全隐患准确告知客户，提出适当的整改措施；
6. 正确填写相关表格并将用户资料整理归档，对小区户内安全状况进行分析。

学习内容结构

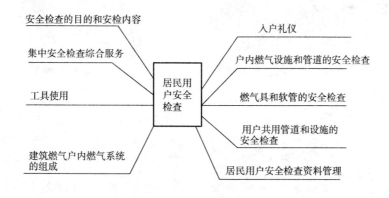

学习情景描述

根据燃气公司安全管理的要求，安检人员每12个月需对居民用户进行一次户内燃气系统的安全检查（以下简称"安检"），用户共用管道及设施每年安排两次安全检查。如果存在安全隐患，必须及时告知客户并提出相应的整改措施，同时填写好相关表格和记录。

第1章 学习准备

1.1 安检的目的

根据相关条例，对居民用户燃气设施和安全用气情况每12个月至少检查一次，并做好记录，发现安全隐患的，应当及时书面告知用户整改。对存在严重安全隐患而用户拒不整改的，燃气企业可以采取停止供气等安全保护措施。

如不能定期安检，必然存在安全隐患，极易造成燃气泄漏，酿成火灾或爆炸伤亡事故。

案例1-1 燃气具不合格，容易导致燃烧不完全或燃烧产生的废气不能排往室外或意外熄火后不能关闭灶具等，酿成中毒、火灾、爆炸事故（图1-1和图1-2）。

案例1-2 胶管老化，极易造成燃气泄漏，酿成火灾和爆炸事故（见图1-3和图1-4）。

图1-1 炉具不合格

图1-2 热水器不合格

图1-3 胶管老化

图1-4 胶管被老鼠咬破

1.2 安检的方式

（1）定期安检：正常使用的情况下应每12个月进行一次户内安检，定期安检包括安检人员单独对负责小区进行安检和集中安检两种情况。

（2）非定期安检：用户打电话预约进行安全检查。

1.3　安检的内容

居民用户安全检查的内容有：对燃气设施（燃气管道、入户球阀、燃气调压器、燃气流量表和旋塞阀等）及用气情况进行检查。

1.4　集中安检综合服务

结合新修订的《×××燃气条例》及区内燃气安全现状，推行实施集中安检综合服务模式，在履行了相应的法律责任的同时，切实做到安全隐患排查和整改，为广大市民提供优质服务，保障安全、稳定供气。

1.4.1　主要流程

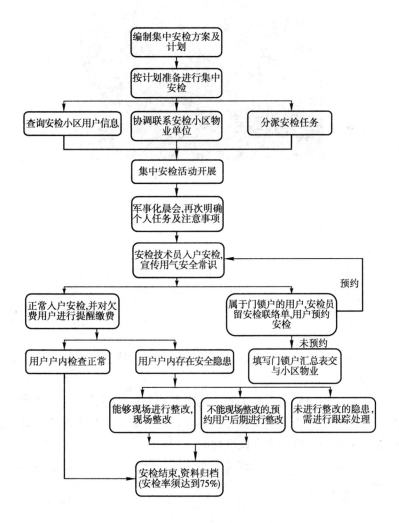

1.4.2 集中安检综合服务主要内容

(1) 燃气用气安全知识宣传（图 1-5～图 1-7）

图 1-5 集中安检宣传横幅

图 1-6 燃气用气安全知识宣传

图 1-7 集中安检现场服务

(2) 入户安全检查
(3) 隐患现场整改及查处私自用气
(4) 追收欠款
(5) 缴费及维修业务的服务

1.4.3 组织形式

(1) 组织机构

由安检工程师整体负责，安检维修组组长协助，安检维修组全体班组人员配合进行。

(2) 人员配置

安检工程师：负责集中安检方案编制、集中安检计划编制、协调参与集中安检班组人员，落实参与人员，按编制的集中安检方案实施，负责集中安检工作的监督和抽查。

安检组组长：负责统计该集中安检区域的欠费户数情况，打印欠费清单，安排安检维修组的安检、维修、隐患整改及催款相关工作，负责集中安检工作的监督和抽查。负责集中安检现场车辆的调配。

安检维修组组员：完成班组长安排的工作。

1.5　居民户内安检的工具、资料及手持式可燃气体检测仪（黄枪）的使用方法

1.5.1　居民户内安检工具和资料

工具：U形压力计、手持式可燃气体检测仪、胶管、管卡、扳手、肥皂水及螺丝刀等；
资料：安全检查记录本、已安检标识、温馨提示、管道燃气禁用通知等。

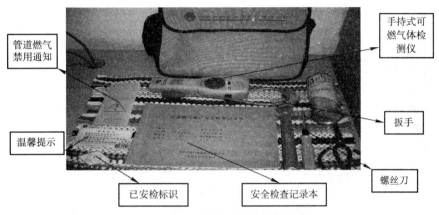

图1-8　安检所需的工具和资料

1.5.2　手持式可燃气体检测仪的原理和使用

（1）手持式可燃气体检测仪的原理

手持式可燃气体检测仪（图1-9和图1-10）作用：检测燃气泄漏情况。

检测原理是电化学式和催化燃烧式，采样方式是吸入式，通过探头吸入气体样品，气体检测元件是专用传感器，能迅速自动连续检测气体样品中可燃气体的浓度，当探测到可燃气体的浓度达到设定的报警值时，会发出报警。

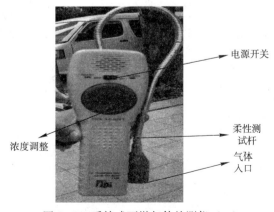

图1-9　手持式可燃气体检测仪（一）

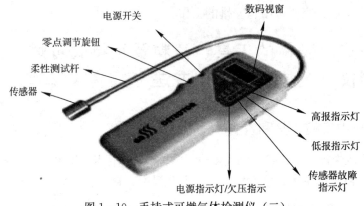

图1-10 手持式可燃气体检测仪（二）

（2）手持式可燃气体检测仪使用说明

①首先把探头拉直。

②把开关打开（ON）。

③调节灵敏度调到最高，等响声响完后，进行管道系统和设备系统的检测，如有漏气就会发出响声。

④检测完毕，首先把开关关闭（OFF）。

⑤然后将枪杆、探头收好。

1.6 建筑燃气户内燃气系统的组成

1.6.1 户内燃气系统的组成

户内燃气系统一般由用户入户总阀、（户内调压器）、煤气表（或称流量表）、用户支管、灶前阀（或称旋塞）、燃气软管、燃器具等组成（如图1-11）。

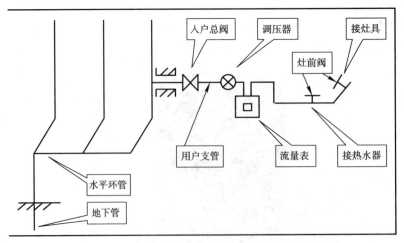

图1-11 户内燃气系统的组成（中压入户，表前调压）

1.6.2 入户方式

(1) 户内分户调压（如图 1-12、图 1-13）

图 1-12 中压入户，表前中-低压调压（调压器前立管用无缝钢管）

图 1-13 低压（7500Pa）入户，表前低-低压调压（调压器前立管用镀锌钢管）

(2) 集中调压（如图 1-14、图 1-15）

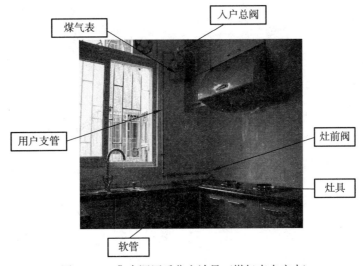

图 1-14 集中调压后分户计量（煤气表在户内）

图 1-15　集中调压后分户计量（煤气表集中在天面）

课堂思考题

问题 1：居民户内安全检查内容包括哪些？

问题 2：户内燃气系统包括哪些？

问题 3：如何使用手持式可燃气体泄漏检测仪？

第 2 章 计划与实施

2.1 制定安检计划

燃气公司须依照当地燃气管理条例，为燃气管道和设施进行定期检查。若当地燃气管理条例并没有规定燃气设施及器具须进行定期检查及周期，燃气公司应至少每年进行一次定期安全检查计划。

《深圳燃气条例》规定安检人员每 12 个月至少对居民管道气用户进行一次户内燃气系统的安全检查，如果存在安全隐患，必须及时告知客户并提出相应的整改措施。另外安检人员必须对用户共用管道及设施每年安排两次安全检查，经年度巡查评估结果需要进行维护的共用管道和设施，必须按年度计划进行维护。

由安检工程师或安检组组长每年年初拟定当年（或上年年底制定下一年）的居民用户户内管道和设施的安全检查年度计划、居民用户共用管道及设施安全检查年度计划，并全权负责其计划的实施，过程的监控，每年年底负责撰写年度完成报告，呈公司审核。

一般每个安检人员大约可安检 1000 户左右/每月，安检人员在接到任务后，可以做安检的准备。

案例 2 - 1

2009 年某区民用户户内燃气管道及设施安全检查计划表（两次安检时间不能超过 12 个月，只能提前，不能推后）如下。

序号	小区名称	地点	开户数	2008 年安检时间	2009 年计划安检时间	计划时间总汇
1	××	××	261	2008.1.24 安检	2008.12.26	计划在 2008 年 12 月 26 日—2009 年 1 月 25 日内完成，共 ××××户
2	××	××	1200	2008.1.24 通气	2009.1.4—2009.1.5	
3	××	××	4200	2008.3.3—3.6 安检	2009.1.18—2009.1.25	

2.2　安检前的准备

2.2.1　沟通协调

小区进行安全检查前应提前与小区管理处联系，填写《安全检查联系作业单》，确定检查时间并提前在居民小区或居民楼房的显著位置张贴《安全检查通知》（如图 2-1）。

2.2.2　准备工具和资料

需准备的工具和资料有：黄枪、鞋套、地毯、管道燃气客户安全检查记录本、扳手、螺丝刀、剪刀、抹布、肥皂水、安全用气"温馨提示"小贴士、管道燃气禁用通知、已安检标识、户内安全隐患危害分析及其处置对策记录表、管道气上门服务联络单、民用户隐患整改分类表等，如图 2-2 所示。

图 2-1　安全检查通知

图 2-2　准备的工具和资料

2.3　户内安全检查

2.3.1　敲门礼仪

（1）按门铃：按铃时间不超过 3 秒，等待 5～10 秒后再按第二次。

（2）敲门：应用食指或中指连续敲门 3 下，等候 5～10 秒后门未开，可再敲第二次，敲门应用力适中，避免将门敲得过响影响其他人。

（3）等候开门：精神饱满、落落大方，站姿正直平稳、不摇晃、不依靠他物，站在门

1m处，等候客户开门。

（4）如果属于突然造访，见到客户应首先道歉，说明上门原因，表明身份。

2.3.2 客户开门后礼仪

客户开门后，向客户点头微笑示意，身体稍向前倾，将工作证的正面举至胸口正前方，方便客户察看，同时向客户表明身份及来意："您好，我是××燃气安全检查员（这是我的证件），今天到您家中进行一年一次的管道燃气安全检查工作，请问我可以进来吗？"客户同意后，道谢并换鞋套入户，将客户监督卡交给客户，"这是我们公司的客户监督卡，您可以对照这个对我的工作进行监督，如有疑问请随时提出"。

如果进门前门是关闭的，进门后应随手将门关上，进入房间或厨房时，应尊重客户的习惯。

注意事项：

1. 仪容仪表

内容	男士	女士
头部	头发需勤洗和定期修剪，没有头屑，梳理整齐。头发要长短适中，以前不覆额、侧不盖耳、后不触衣领为宜。头发以黑色为美，烫发要适当。戴工作帽时头发不应露在外面	头发需勤洗和定期修剪，没有头屑，梳理整齐。头发不宜长于肩部，不宜挡住眼睛，过长头发可以盘起来、束起来、编起来，不披发散发，短发会显得比较精干。烫发要适当，不能过于繁乱、华丽。发饰宜选择黑色且无任何花色图案
面部	洁净自然卫生，特别注意眼角、鼻孔、耳后、颈脖等处的清洁。在室内不戴有色眼镜，保持镜片清洁	清洁自然卫生，特别注意眼角、鼻孔、耳后、颈脖等处的清洁。在室内不戴有色眼镜，保持镜片清洁。工作时化淡妆，以淡雅、简洁、庄重为宜
口腔	保持口腔清洁，无异物，无异味。避免使用气味刺鼻的饮食，如葱、蒜、韭菜、酒、香烟等	
耳部	耳廓、耳后、耳孔边应每日用毛巾或棉签擦洗，不可留有皮屑或污垢	
手臂	保持清洁，无污垢，不蓄长指甲，指甲不宜长过手指尖，腋毛不宜外露	保持清洁，无污垢，不蓄长指甲，指甲不宜长过手指尖，不宜涂艳色指甲油，腋毛不宜外露
下肢	注意清洁，勤洗脚、勤换袜子、勤换鞋，不光脚，不宜露脚趾脚跟	注意清洁，勤洗脚、勤换袜子、勤换鞋、不光脚，不宜露脚趾脚跟，不涂彩色指甲油

2. 服饰

内容	男士	女士
工作服	身着公司统一制服、领带。西裤裤脚的长度以穿鞋后距离地面1cm为宜。注意衣领、扣子、衣下摆、拉链、裤脚的整洁、整齐	身着公司统一制服、领花。裤裙应长于膝盖。注意衣领、扣子、衣下摆、拉链、裤腿的整洁、整齐
衬衫	衬衫袖口的长度应超出西裤袖口1.5cm左右为宜，袖口须扣上，衬衫下摆须掖在裤内	衬衫袖口须扣上，衬衫下摆须掖在裤内
领带	领带箭头的下端在皮带扣上端	
领带夹	夹在衬衫的第四和第五粒扣子之间	
袜子	宜穿深色袜子，如黑色、深蓝色、深灰色	穿裙装时，宜穿肉色连裤袜，不穿着挑丝、有洞或补过的袜子，忌光脚穿鞋
鞋子	宜穿黑色皮鞋，光亮无尘	宜着船式黑色中跟皮鞋，光亮无尘，不得穿露趾鞋和休闲鞋
饰物	除手表外不宜佩戴其他装饰物	佩戴耳环数量不宜超过一对，式样以素色耳针为主。手腕处除手表外不宜佩戴其他装饰物

3. 客户沟通

与客户交谈时，表情自然、目光专注、语气要谦逊、语言简练、清晰、易懂，忌吞吞吐吐、主题不清。

如果自己的手机响起（建议进门前将手机调为振动档），征得客户同意后再接听，并快速结束对话。

详细、准确地向客户介绍收费标准和注意事项等有关业务知识。

为客户进行业务解答时，如果发现客户脸上流露出疑惑的表情时，应停止讲述询问客户："请问我说明白了吗？"

当客户想了解公司的业务时，要耐心地向客户进行解答，若一时无法解答的应记录并向客户说："对不起，因为没有带相关资料，我现在无法准确地回答您，回公司后会尽快查询相关资料，然后再回复您。"

4. 递送证件和资料

递送时上身略向前倾，眼睛注视客户手部；以文字正向方向递交；双手递送、轻拿轻放。如需客户签名，应把笔套打开，用右手的拇指、食指和中指轻握笔杆，笔尖朝向自己，递至客户的右手中。

2.3.3　安全检查

（1）燃气设施检查

1）检查内容：主要检查入户燃气阀、调压器、燃气表、旋塞阀的安全状况，若发现存在问题，应向用户提出整改建议，由用户落实整改。

燃气设计规范链接

燃气设施宜设置位置

（1）煤气表安装位置

宜垂直安装在阳台或厨房内无振动、无腐蚀、干燥通风、便于抄表及维修的地方，并应满足抄表、维修、防潮、防水和安全使用的要求（如图2-3和图2-4）。

图2-3　煤气表在阳台　　　　　　　　图2-4　煤气表在厨房

（2）灶前阀宜安装位置

1）垂直固定在阳台或厨房内无振动、无腐蚀、干燥通风、便于操作、维修的地方，并应满足维修、防潮、防水和安全使用的要求；

2）厨房中灶前阀宜安装在橱柜外，热水器灶前阀应与热水器冷热水出口齐平（如图

2-5～图2-8)。

图2-5 灶前阀在灶台上(一)

图2-6 灶前阀在灶台上(二)

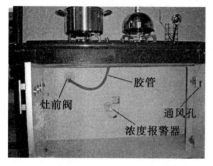

图2-7 灶前阀暗藏在橱柜内(橱柜设通风孔)

图2-8 热水器灶前阀

(3)管道燃气设施与其他设施的安全距离(见表2-1)

管道燃气设施与其他设施的安全距离 表2-1

场合	要求	备注
燃气表安装在燃气灶具上方时	燃气表与燃气灶具的水平净距不得小于0.3m	
供气设备与电气设施	间距不得小于0.3m	
供气设备与其他电器	不得同柜安装	报警器除外
嵌入式灶具当管道末端在灶柜上方时	与灶具边缘水平净距应大于0.2m	
旋塞安装高度	不高于灶具火孔平面,与灶具边缘的水平净距应大于0.3m	避免胶管安装后被火烤

1)燃气表高位安装时,表底距地面不宜小于1.4m。

2)燃气表高位安装时,表后与墙面净距不得小于10mm;燃气表与低压电器设备之间的最小水平净距为0.5m。

3)当燃气表与灶具之间净距不能满足要求时可以缩小到100mm,但表底与地面净距不小于1800mm。

4)煤气表安装图如图2-9、图2-10所示。

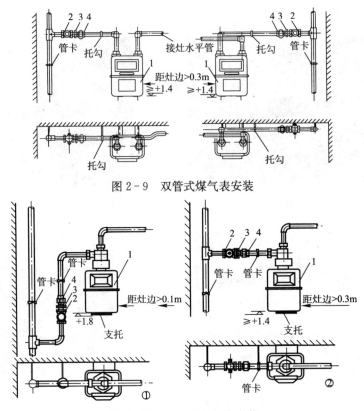

图 2-9 双管式煤气表安装

图 2-10 单管式煤气表安装

2）常见的安全隐患

①燃气设施设置在卧室内；

②燃气表、调压器设置在浴室内；

③燃气设施周边存放有油漆、天那水等易燃、易爆危险品（如图 2-11）；

图 2-11 燃气设施周围有易燃危险品

④安装在室外易遭日晒雨淋的燃气设施未设箱保护（不包括放散阀门）（如图 2-12）；

图 2-12　煤气表装在天面未设箱保护

⑤燃气设施与电气设施的间距小于 300mm（燃气泄漏报警器除外）；

⑥燃气设施与其他电器同柜安装（燃气泄漏报警器除外）；

⑦燃气表、球阀、调压器等设施缺损；燃气表不走字，调压器出口压力不正常；

⑧燃气阀门操作不灵活（如图 2-13）；

图 2-13　阀门操作不灵活

⑨开放式厨房未安装报警器；

⑩旋塞阀安装位置不便于日常操作（如图 2-14、图 2-15）；

图 2-14　安装在抽屉里灶前阀无法开关

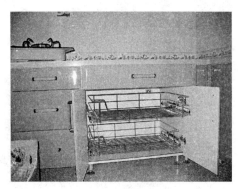

图 2-15 安装在吊篮里灶前阀无法开关

⑪旋塞阀安装位置高于灶具火孔平面，且与灶具边缘的水平净距小于 300mm；

⑫使用非燃气专用设备（如图 2-16）。

图 2-16 非燃气专用旋塞

目前常用的专用燃气阀门、旋塞（如图 2-17 和图 2-18），非图样阀门、旋塞视为非专用阀门、旋塞。

图 2-17 燃气专用旋塞（一）

图 2-18 燃气专用旋塞（二）

课堂练习1

一、填空题

1. 户内管道敷设方式为_____、_____两种。

2. 户内明装燃气管道宜采用_____钢管，明装低压管道当管径≤DN50 时应采用_____连接；当管径＞DN50 时应采用_____连接。

3. 水平暗敷铜管的管位宜在房间高度的_____ m 以上或_____ m 以下，推荐沿_____敷设；立管宜直接在_____处。

4. 燃气表、灶和热水器可安装在不同墙面上。当燃气表与灶之间净距不能满足要求 300mm 时可以缩小到 100mm，但表底与地面净距不小于_____ mm。

二、问答题

问题 1：灶具的旋塞阀一般不设在灶台以下，为什么？

_____

问题 2：用户家中的燃气表可能出现哪些不符合安全的情况？

_____

问题 3：除了使用黄枪以外，还可以如何检查煤气表是否漏气？

_____

（2）管道系统检查

1）检查内容：管道系统指用户专用燃气管道，含穿墙部分管道，若发现存在问题，应向用户提出改正建议，由用户落实整改（如图 2-19、图 2-20）。

图 2-19　燃气安检人员用手持式可燃气体检测仪检测管道及各个接头有无燃气泄漏

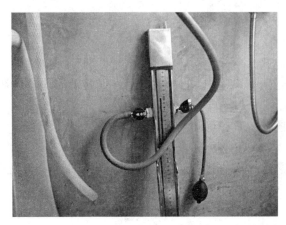

图 2-20 燃气安检人员用 U 形压力计检测管道系统有无燃气泄漏

燃气设计知识链接：常用户内管管材和安全距离

（1）常用的管材

1）镀锌钢管（如图 2-21、图 2-22）

镀锌钢管连接方式多以螺纹连接，如在室内暗埋，存在较大安全隐患。镀锌钢管不应用作家庭燃气管道暗敷管材。

图 2-21 明装用镀锌钢管（一）

图 2-22 明装用镀锌钢管（二）

2）暗埋铜管（如图 2-23、图 2-24）

铜管易成型、易安装、可塑性好，而且具有较高的强度，熔点高达 1083℃。在纯氧中也不会燃烧，只会阻燃，在一般火灾中不会熔化或者放出有害或有毒的气体，铜的耐蚀性也非常好，在普通居室中可能遇见的各种介质，铜几乎都很耐蚀。退火铜盘管的长度可达50m 以上，可充分满足暗藏管无接口的要求。

图 2-23 铜管

图 2-24 暗埋铜管上敷设扁铁

3）无缝钢管（如图 2-25）

由于受墙面（或混凝土体）内碱性液和水汽的作用，采用无缝钢管暗埋时，管道易被腐蚀，所以必须做好防腐措施以延长管道的使用寿命。具体措施是：①采用聚乙烯防腐胶带或热收缩胶带作外防腐层，使燃气管道与外界隔绝。②燃气管道周围不得存在有尖锐锋利物体、碎片、垃圾或存积水汽；防止防腐层被划伤或破坏及水汽的侵入。

图 2-25 暗埋管材用无缝钢管

4）可埋式不锈钢波纹管（如图 2-26）

选用优质不锈钢材料，设计使用寿命50年，具有补偿性，同时，可避免地震或建筑物沉降造成的燃气泄漏。长度可任选择，管体中部无接口，安装方便，是燃气管道暗埋的最优选择。

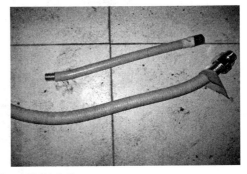

图 2-26 可埋式不锈钢波纹管

（2）室内燃气管道与电气设备、相邻管道间安全距离（见表 2 - 2）

室内燃气管道与电气设备、相邻管道间的安全净距　　　　　表 2 - 2

其他管道及设备		与燃气管道的净距（cm）	
		平行敷设	交叉敷设
电气设备	明装的绝缘电线或电缆	25	10（注）
	暗装或放在管子中的绝缘电线	5（从所作的槽或管子缘算起）	1
	电压小于 1000V 的裸露电线	100	100
	配电盘或配电箱、电表	30	不允许
	电插座、电源开关	15	不允许
相邻管道		保证燃气管道、相邻管道的安装和维修	2

注：1. 当明装电线加绝缘套管且套管的两端各伸出燃气管道 10cm 时，套管与燃气管道的交叉距离可降至 1cm。
　　2. 当布置确有困难，在采取有效措施后，可适当减小净距。

2）常见的安全隐患

①用户私自改动、拆装、埋墙敷设燃气管道，私自接用燃气设施（如图 2 - 27、图 2 - 28、图 2 - 29）；

图 2 - 27　用户私自拆管

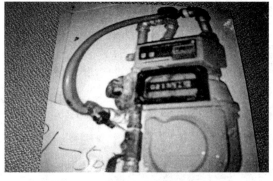

图 2 - 28　煤气表出口私自接胶管

图 2-29 将只能明装的镀锌管埋设在墙内

②燃气管道暗设在厨柜内时，橱柜的通风面积小于 $0.03m^2/m^2$（柜底面积）（如图 2-30）；

图 2-30 燃气管道设在橱柜内，橱柜未开通风孔

③燃气管道暗设在吊顶内时，沿燃气管道走向位置吊顶的通风面积小于 $0.01m^2/m^2$，吊顶无法拆卸；

④燃气管道未用管卡、抱箍进行有效固定，燃气管道松动（如图 2-31、图 2-32）；

图 2-31 燃气管道未有效固定（一）

图 2-32 燃气管道未有效固定（二）

⑤燃气管道管件的丝口端埋入墙体（如图 2-33）；

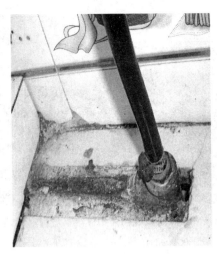

图 2-33　丝口端埋入墙体

　　⑥燃气管道出现严重锈蚀需重新防腐或更换（如图 2-34、图 2-35、图 2-36），管道腐蚀呈现深褐色，大部分表层出现龟裂及脱落，管道明显发胀，刮开防腐层后出现块状凹坑，但未出现漏气；

图 2-34　管道腐蚀（一）

图 2-35　管道腐蚀（二）

图 2-36　燃气管道严重锈蚀

⑦未通气燃气管道末端未安装丝堵（如图2-37）；

图2-37 管道末端未安装丝堵

⑧燃气管道上悬挂物件；
⑨燃气钢瓶连接到燃气管道上使用（如图2-38、图2-39）。

图2-38 钢瓶接到燃气管道上（一）

图2-39 钢瓶接到燃气管道上（二）

课堂练习2
问题1：常用的燃气管材有哪些？

问题 2：穿墙管道的腐蚀情况如何检查？

问题 3：腐蚀程度如何判断？

问题 4：燃气管道暗设在厨柜内时，如何判断橱柜的通风面积是否符合要求？

问题 5：燃气管道如果被密封可能会产生什么样的后果，为什么？

（3）燃气具检查

燃气设计规范链接

1）家用燃气灶的设置应符合下列要求

①燃气灶应安装在有自然通风和自然采光的厨房内。利用卧室的套间（厅）或利用与卧室连接的走廊作厨房时，厨房应设门并与卧室隔开；

②安装燃气灶的房间净高不宜低于 2.2m；

③燃气灶与墙面的净距不得小于 10cm。当墙面为可燃或难燃材料时，应加防火隔热板；

④燃气灶的灶面边缘和烤箱的侧壁距木质家具的净距不得小于 20cm，当达不到时，应加防火隔热板；

⑤放置燃气灶的灶台应采用不燃烧材料，当采用难燃材料时，应加防火隔热板；

⑥厨房为地上暗厨房（无直通室外的门和窗）时，应选用带有自动熄火保护装置的燃气灶，并应设置燃气浓度检测报警器、自动切断阀和机械通风设施，燃气浓度检测报警器应与自动切断阀和机械通风设施连锁。

2）家用燃气热水器的设置应符合下列要求

①燃气热水器应安装在通风良好的非居住房间、过道或阳台内；

②有外墙的卫生间内，可安装密闭式热水器（平衡式），但不得安装其他类型的热水器；

③装有半密闭式热水器的房间，房间门或墙的下部应设有效截面不小于 $0.02m^2$ 的格栅，或在门与地面之间留有不小于 30mm 的间隙；

④房间净高宜大于 2.4m；

⑤可燃或难燃烧的墙壁和地板上安装热水器时，应采取有效的防火隔热措施；

⑥热水器的给排气筒宜采用金属管道连接。

3）户内立管、燃气表、灶、热水器安装（如图 2-40）

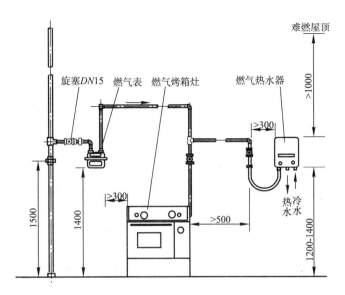

图 2-40　户内立管、燃气表、灶、热水器安装示意图

提示：

根据《家用燃气燃烧器具安装及验收规程》（CJJ12-99）第 3.1.3 条"安装在浴室内的燃具必须是密闭式燃具"的规定，当前所有安装在浴室内的燃具必须是强制给排气式或自然给排气式（即平衡式），其他燃具一律不得安装在浴室内。

以往深圳燃气集团根据国家规定安装在浴室内的强排式热水器，但符合三个条件（有排气扇、有百叶门、体积大于 7.5 立方）的仍然继续使用，检查人员可根据新的国家标准劝告用户更换。

1）检查燃气具是否漏气

①灶具检查：安检员打开旋塞，用手持式可燃气体检测仪对灶具底部的连接胶管、万向接头等部位详细检测；对灶具点着火后在灶具本体底部用手持式可燃气体检测仪进行检查（如图 2-41、图 2-42）。

图 2-41　安检人员用手持式可燃气体检测仪检测灶具底部

图 2-42 灶具点火后在灶具本体用检测仪检查

②热水器检查：安检员打开旋塞，用手持式可燃气体检测仪检查胶管连接处及本体是否漏气（如图 2-43）。

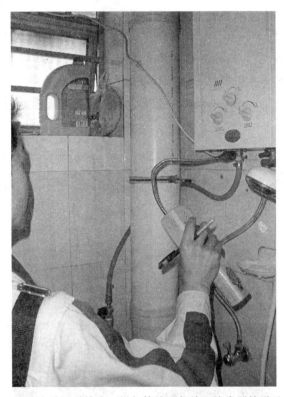

图 2-43 安检人员用手持式可燃气体检测仪检查热水器管道及连接部位

2）打开燃气具检查点火情况和火焰的稳定性

①检查炉具点火性能，如电火花微弱无力，应及时通知客户更换电池；

②检查火焰的稳定性，在燃烧器火孔处火焰既不离焰、也不回火、稳定燃烧的状态即

为正常。如果出现黄焰、回火、离焰或脱火等现象，告知用户问题情况。

　　知识链接：燃烧不稳定的几种情况（图 2-44、图 2-45、图 2-46）

图 2-44　回火——火焰在燃烧器内部燃烧的现象　　　　图 2-45　离焰或脱火——火焰从燃烧器
　　　　　　　　　　　　　　　　　　　　　　　　　　　　　　　火孔全部或部分离开的现象

图 2-46　黄焰——由于一次空气不足，燃烧时产生
黄色火焰，该火焰与冷面接触即可产生黑烟

　　3）燃气具其他安全情况检查

　　① 炉具其他安全检查内容

　　认真检查炉具是否有安全装置、安全装置是否正常；

　　检查嵌入式煮食炉下是否安装消毒碗柜，如有安装应要求客户将其迁移。并签发安全隐患告知书；

　　检查嵌入式煮食炉下橱柜是否通风良好，尽量和客户协商现场处理。如不能马上处理应给客户合适建议，并签发安全隐患告知书；

　　尽量说服客户更换已经过了使用寿命的燃气具；并可适度推荐公司的炉具产品；

　　要求客户更换没有熄火保护装置的燃气具，并签发安全隐患告知书。

②热水器其他安全情况检查内容

遇到强排式热水器安排在洗手间等密闭空间内，贴上警示胶纸并向客户说明隐患的严重性，签发安全隐患告知书；

检查强排风机运行是否正常，排烟气效果是否正常，检查排烟管是否有漏气现象；教用户注意悬挂衣物时不要太接近烟管；

检查热水器与周边其他设施是否有足够的安全间距；

发现超过使用年限的热水器，应建议客户及时更换，并适度推荐公司产品，签发安检报告单；

．发现直排式热水器安装在室内的立刻停止使用，并建议客户更换符合安全规范的热水器，并签发安全隐患告知书；

检查热水排烟管附近是否有悬挂或摆放易燃易爆品。

课堂练习 3

一、填空题

（1）设置家用热水器的房间高度宜大于＿＿＿＿＿＿ m；

（2）设置家用燃气炉的房间高度宜大于＿＿＿＿＿＿ m；

（3）燃气热水器与房顶距离应大于＿＿＿＿＿＿ mm。

二、问答题

问题 1：如何使用黄枪？

问题 2：遇到强排式热水器安排在洗手间等密闭空间内，你该如何处理？

问题 3：灶具有损坏，需即时维修，你该如何处理？

问题 4：灶具需更换零配件，但客人拒付零件费，你该如何处理？

问题 5：灶具太残旧及损坏，不能维修，客人不谅解，你该如何处理？

（4）软管检查

1）检查内容

软管应采用安全型燃气软管或燃气专用橡胶管，特别要注意胶管老化的状况。若安检中发现存在问题，应向用户提出改正建议，由用户落实整改。

燃气规范知识链接

当燃气器具与燃气管道用软管连接时，应符合下列要求：

①软管与燃气管道接口、软管与燃气具接口均应选用专用固定卡固定；

②炉具的水平软管不得高出灶面；

③软管长度不应超过2m，不得分三通；且不得穿墙、顶棚、地板、门和窗；

④采用不锈钢波纹管应符合现行国家标准《燃气用不锈钢波纹软管》CJ/T197规定。

2）可能存在的安全隐患

①用户家中的燃气软管分三通、穿墙、穿门窗（如图2-47、图2-48、图2-49）。

图2-47　燃气胶管开三通

图2-48　燃气胶管开三通图

图2-49　燃气胶管穿墙

②胶管老化变色、老化开裂；用户所用燃气胶管超过2m（如图2-50）。

图 2-50 胶管超过 2 米且多次穿越橱柜

③炉具的水平软管高出灶面；
④软管采用非燃气专用软管（如图 2-51、图 2-52）。

图 2-51 使用非燃气专用软管（一）

图 2-52 使用非燃气专用软管（二）

课堂练习 4

问题 1：如何判断燃气胶管是否老化？

问题 2：请指出下图（图 2-53、图 2-54）中不符合燃气管道安全要求之处：

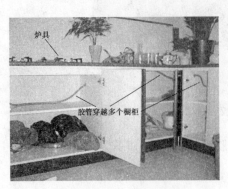

图 2-53

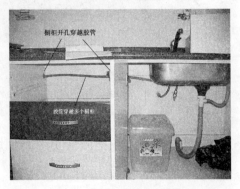

图 2-54

问题 3：胶管为什么不能超过 2 米?

小提示：

此时可以向客户介绍推销金属波纹或金属强化软管。

2.3.4 检查完毕

（1）正确填写检查工作单

对以上检查内容作好相关记录，填写在用户安全检查工作单内，并要求用户签名确认检查情况（见表 2-3）。

表 2-3

××市燃气集团股份有限公司

管道燃气居民用户安全检查作业单（户内）

片区编号　　　　　　派单时间：　　　　　　作业队（人）：

<table>
<tr><td rowspan="4">电脑资料</td><td colspan="2">作业单号</td><td></td><td colspan="2">特别资料</td><td></td></tr>
<tr><td>客户编号</td><td></td><td colspan="2">客户姓名地址、电话</td><td></td><td></td></tr>
<tr><td>近期服务情况</td><td colspan="5"></td></tr>
<tr><td>近期抄表读数</td><td colspan="5"></td></tr>
</table>

户内是否存在共用燃气管道：有 □　暗设 □　　热收缩套：有 □　　无 □　　管道外观：□

入户支管：穿墙 □　　非穿墙 □　　暗设 □　　热收缩套：有　　□无 □　　管道外观：□

球阀	正常 □	操作不灵活 □		无手柄 □	气表1：正常 □	不正常 □	读数：□□□□
调压器	正常 □	不正常 □	分户 □	集中 □	气表2：正常 □	不正常 □	读数：□□□□
燃气管道	镀锌管 □	复合管 □		波纹管 □	气表3：正常 □	不正常 □	读数：□□□□

	考克			软管			燃具			
	正常	损坏需更换	非专用考克	胶管	金属软管	非燃气软管	存在隐患	炉具	热水器	存在隐患　品牌型号
用气点1	□	□	□	□	□	□	□	□	□	□
用气点2	□	□	□	□	□	□	□	□	□	□
用气点3	□	□	□	□	□	□	□	□	□	□
用气点4	□	□	□	□	□	□	□	□	□	□

存在安全隐患情况：有 □　　　　　　　　　隐患告知书单号：□□□□□□□

01、□　02、□　03、□　04、□　05、□　06、□　07、□　08、□　09、□　10、□　11、□

宣传资料或温馨提示：已发放 □　　未发放 □　　　　是否实施停气处理　是 □　　　否 □

安检成功与否：是 □　　否 □　　　　　　未成功原因：客户不在家 □　　客户拒绝安检 □

检查人	□-□□□□	员工签名：	检查时间：20□□年□□月□□日

备注：

客户意见：满意□　　一般□　　不满意□　　其他意见□_____

客户电话：□□□□□□□□□□□　　客户签名：

客户档案编号：

31

（2）安全常识宣传

告知用户基本安全用气知识，如使用燃气时，不得离人；保持室内通风；当怀疑有燃气泄漏时，开窗通风、扑灭火源、禁开关电器，并于室外安全处拨打抢修服务电话等。向用户发放安全用气"温馨提示"等小贴士（如图 2-55）。

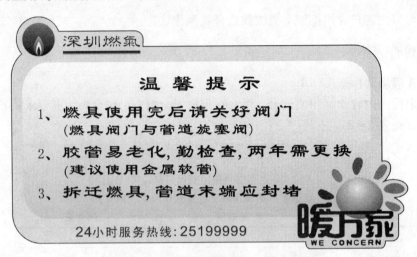

图 2-55　"温馨提示"小贴士

（3）贴上标识

应在户内燃气表或燃气具上贴上"已安检"标识，检查人员应在标示上签署姓名和检查日期（如图 2-56）。

图 2-56　"已安检"标识

（4）安全隐患处理

如无隐患则告之"您好，您家的安全检查已完毕，不存在安全隐患。请您注意安全用气，您外出和晚间入睡前，请牢记关闭气源总阀。经常要用肥皂水检查燃气胶管和燃气器具的连接部位，以及燃气管道各个连接处是否有漏气现象，胶管是否老化，胶管的使用寿命一般为两年，为保证安全，胶管建议每两年更换一次。如发现有气泡冒出或有燃气味时，要关闭所有燃气开关，严禁火种（包括开关电器），打开窗户通风，并立即到户外拨打我公司 24 小时服务热线×××××××报修。使用热水器、炉灶时一定要保证通风良好。连续使用热水器洗浴时间建议不要超过 15 分钟。如果您需要任何管道燃气方面的服务，拨打我公司 24 小时服务热线×××××××。"

如存在隐患则发放《管道气安全隐患告知书》（见表 2-4），告知隐患存在的后果，按部门安检隐患整改指引，协助用户进行隐患整改，涉及燃具的隐患用户应自行委托厂家或维修企业处理，涉及燃气设施的应委托具有资质的单位处理。

不能立即整改的，告知整改预约服务电话；

对存在严重安全隐患而用户拒不整改的，可以采取停止供气等安全保护措施（见图 2-57）。

表 2-4

××市燃气集团股份有限公司
用户自用管道及设施安全隐患告知书

NO：   第一联：存根联

尊敬的＿＿＿＿＿＿（住宅小区）＿＿＿＿＿＿（栋、房）客户：

经检查，您家中管道燃气系统存在如下第＿＿＿项安全隐患，为了保证您及他人的安全，请务必尽快对隐患进行处理，多谢合作！

□ 01. 燃气管道暗埋、改装或拆除
□ 02. 燃气管道存在严重锈蚀
□ 03. 使用非专用燃气阀门、旋塞
□ 04. 使用软管不合格
□ 05. 燃具安装不符合要求
□ 06. 自行增加了用气设施
□ 07. 用气场所通风不畅顺

经检查，您家中管道燃气系统存在如下第＿＿＿项严重安全隐患，为了保证您及他人的安全，我司按照《××市燃气条例》第四十八条以及《深圳市管道燃气居民用户用气安全检查办法》等相关规定，实施停气处理。

待您整改合格后，致电我司予以开通，多谢合作！

□ 08. 管道末端未封堵
□ 09. 瓶装气接到燃气管道上
□ 10. 用户自用管道及设施漏气
□ 11. 燃具漏气

其他说明：＿＿＿

如有疑问，请拨打服务热线×××××××或登录服务网站www.×××××××.com.cn查询。

客户签名：

检查人签名：

检查日期：   年   月   日

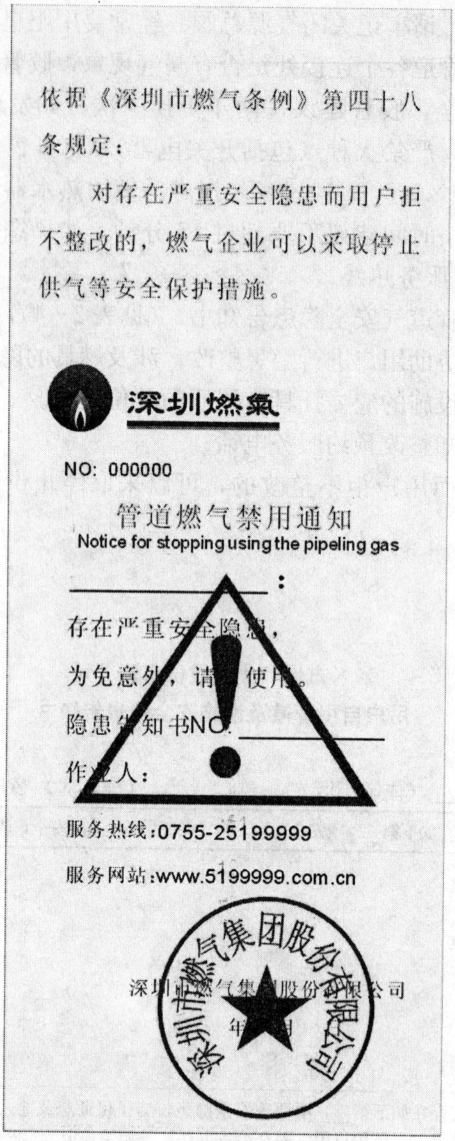

依据《深圳市燃气条例》第四十八条规定：

对存在严重安全隐患而用户拒不整改的，燃气企业可以采取停止供气等安全保护措施。

深圳燃氣

NO: 000000

管道燃气禁用通知
Notice for stopping using the pipeling gas

＿＿＿＿＿＿＿＿＿＿＿＿＿：

存在严重安全隐患，

为免意外，请＿＿使用。

隐患告知书NO.＿＿＿＿＿

作业人：＿＿＿＿＿

服务热线：0755-25199999

服务网站：www.5199999.com.cn

深圳市燃气集团股份有限公司

图 2-57　管道燃气禁用通知

2.3.5　辞别客户

（1）确认客户没有其他需求或疑问后应适时提出告辞，将资料和物品整理好，避免将部分资料遗留在客户处，并说："如再有问题，请拨打热线电话××××××××，谢谢，再见。"

（2）如果门在你的左边，你应该向左边平移离开座位，然后向后退一步再转身；如果门在你的右边，你应该右边平移离开座位，然后向后退一步再转身。

（3）出房间前，应向客户咨询是否需要关门，当客户同意时，道别后轻轻把门关上。如果客户送你出来的话，你应在走到门口的时候请客户留步，并说："打扰您了，请留步。"

（4）为客户提供满意的服务是每一位员工的责任，严禁接受客户任何理由的馈赠和招待，要与客户保持适度的距离，与客户关系再好也不能失"敬"，如确实无法推辞，应及时向相关领导请示或汇报。

2.3.6 特殊用户或特殊情况处理

（1）门锁户的处理

1）门锁户定义

用户不在家或用户拒绝检查导致无法实施安全检查的用户，称为门锁户。

2）门锁户处理

对于门锁户，应当采取在居民小区或居民楼的显著位置张贴通告方式进行告知（见表2-5），也可采取在气费通知单上注明的方式告知用户，以方便用户预约安检。

提示：

用户来电预约安检，应及时与用户联系，确定再次上门安全检查的时间。

表2-5

管道燃气居民用户安全检查情况通告

No： 　　　　　　　　　　　　　　　　　　　　　　　　第一联：存根联

　　　　　　　　　　　　　　　　管道气用户及物业管理单位：

　　　为保障小区安全用气，我司根据《××市燃气条例》第四十八条、五十三条以及《××市管道燃气居民用户用气安全检查办法》等相关规定，于　　　　年　　　　月　　　　日在贵小区张贴安检通知，并于　　　　年　　　　月　　　　日逐户进行了管道燃气安全检查，但以下房号用户由于适逢外出、不便检查等原因未能成功入户检查。为了您及公共安全，请下列房号用户尽快致电×××××××预约，我司将再次安排人员上门进行检查。

　　　感谢您的支持与合作！

房号	房号	房号	房号	房号	房号	房号	房号

其他说明：　　　　　　　　　　　　　　　　　　　　　　　　　　　　　　

如有疑问，请拨打服务热线××××××××或登录服务网站www.×××××××.com.cn查询。

3）对于预约上门安检用户仍不在家而导致无法实施安全检查的用户，安全检查人员应留下《上门服务联络单》（如图2-58）。

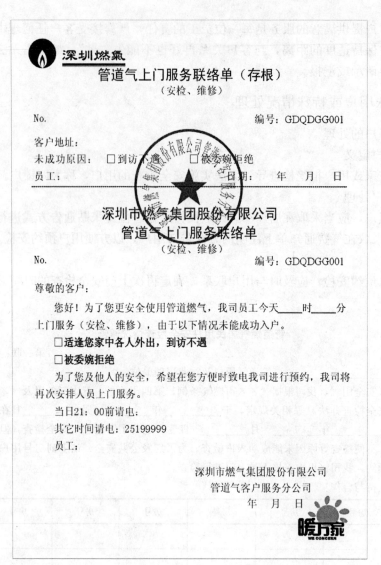

图 2-58 上门服务联络单

（2）拒签户的处理

1）拒签户定义

居民用户拒绝签收《燃气管道隐患告知书》的，称为拒签户。

2）拒签户处理

燃气安全检查人员应当在《燃气管道隐患告知书》和管道燃气客户安全检查记录上注明情况，并将《燃气管道隐患告知书》留置现场送达用户，检查结束后及时上报，由单位通过气费通知单注明的形式再次告知用户。

课堂练习 5

问题 1：只有小孩在家，你该如何应付？

问题 2：客人不肯开门，你该如何应付？

问题 3：气密测试不合格，你如何处理？

问题 4：在对户内燃气管道安全检查过程中如果遇到门锁户，应如何处理？

2.4　用户共用管道及设施检查

安检人员必须对用户共用管道及设施每年安排两次安全检查，经年度巡查评估结果需要进行维护的共用管道和设施，必须按年度计划进行维护（如图 2-59）。

图 2-59　用户共用管道及设施检查

2.4.1　用户共用管道及设施安全检查内容

（1）使用手持式可燃气体检测仪或检漏液检查用户共用管道是否漏气；

（2）用户共用管道是否稳固，是否有适当的管卡；

（3）在共用燃气管道及设施上是否有搭接电线、铁丝网、绳索等附着物或涂改、遮盖警示标志等行为；

（4）是否存在装修、装饰等活动占用公共空间，圈占共用燃气管道，导致管道维护不便（如图 2 - 60）；

图 2 - 60 圈占共用燃气管道

（5）是否存在装修、装饰等活动占用公共空间，圈占共用燃气管道阀门等设施，导致抄表、维护、检修和抢险通道不畅通；

（6）是否存在装修、装饰等活动导致共用燃气管道及设施被违章暗设或暗埋；

（7）是否存在私自改动或破坏共用燃气管道及设施的行为；

（8）用户共用管道锈蚀状况（含穿墙管）；

（9）箱体是否锈蚀；

（10）用户共用管道及设施使用是否超过 15 年。

2.4.2 用户共用管道及设施检查作业现场处置

（1）共用管道漏气的，立即关闭最近的上游控制阀门，请物业协助做好通风，必要时疏散相关人员和做好警戒工作，并立即转抢修人员处理。

（2）共用管道不稳固，转维修人员处理。

（3）在共用燃气管道及设施上有搭接电线、铁丝网、绳索等附着物或涂改、遮盖警示标志等行为，向责任人发隐患告知书，并通报管理处。

（4）存在装修、装饰等活动占用公共空间，圈占共用燃气管道，导致管道维护不便，向责任人发隐患告知书，并通报管理处。

（5）存在装修、装饰等活动占用公共空间，圈占共用燃气管道阀门等设施，导致维护、检修和抢险通道不畅通，向责任人发隐患告知书，并通报物业管理单位，上报政府部门。

（6）存在装修、装饰等活动导致共用燃气管道及设施被违章暗设或暗埋，向责任人或物业管理单位发隐患告知书，并上报政府部门。

（7）存在私自改动或破坏燃气管道及设施，向责任人及物业管理单位发隐患告知书，并上报政府部门。

（8）共用管道轻微锈蚀，记录；共用管道中度锈蚀，记录并列入维护计划；共用管道严重锈蚀，转维修人员处理。

（9）箱体附件缺损，记录，转维修人员处理；箱体主体轻微锈蚀，记录；箱体主体中度锈蚀，记录并列入维修计划；箱体主体严重锈蚀，记录并列入更换计划。

2.4.3 用户共用管道及设施安全隐患告知书（见表2-6）

表2-6

xx市燃气集团股份有限公司
用户共用管道及设施安全隐患告知书

No. _____   第一联：存根联

_____ ：

根据《xx市燃气条例》等有关规定，我司于____年_____月_____日对贵处的用户共用燃气管道系统进行了详细检查，发现存在如下第_____项安全隐患，为保障公共安全，务必尽快委托对隐患进行处理。

序号	安全隐患内容	是否存在
01	在共用燃气管道及设施上搭接电线、铁丝网、绳索等附着物或涂改、遮盖警示标志等行为	
02	存在装修、装饰等活动占用公共空间，圈占共用燃气管道，导致管道维护不便	
03	存在装修、装饰等活动占用公共空间，圈占共用燃气管道阀门等设施，导致维护、检修和抢险通道不畅通	
04	装修、装饰等活动导致共用燃气管道及设施被违章暗设或暗埋	
05	私自改动或破坏燃气管道及设施	

其他说明：_____

_____

如有疑问，请拨打服务热线××××××××或登录服务网站www.××××××××.com.cn查询。

作业人员：

××市燃气集团股份有限公司

年　　月　　日

2.5 安全检查资料管理

2.5.1 安全检查资料归档

（1）安检记录包括：管道燃气安全检查联系单、管道燃气居民用户安全检查作业单、隐患告知书存根联、上门服务联络单存根；

（2）在安全检查结束后一个月内，应将安全检查记录进行汇总、归档；

（3）用户气费通知单电子版进行存档备份；

（4）安全检查记录保存期限为三年，电子文档保存期限为五年。

特别提示：

在安检中如发现管道系统（含管件、管材、管道连接处）、燃气设备（含设施本体及连接处）等漏气时，必须及时通知抢维修人员，待抢维修人员到场后方可离开。

制定整改措施的必要性

燃气管道的安全隐患无疑为居民家中的一个个定时炸弹，如不及时排除隐患，随时都会对居民和整个小区的正常生活产生巨大的威胁。因此，无论从居民生命财产安全，还是建设和谐社区、平安社区的角度考虑，认清隐患危害、制定可行的整改措施、尽快落实整改就显得尤其迫切．

2.5.2　反馈

（1）电话调查

安检后，随机抽取部分工作单，以电话调查形式访问客户对安检的意见，如有独立的市场调查公司，可考虑将调查外判，藉以增加调查的独立性及公信力。

（2）问卷调查

实时采取对客户进行问卷调查，以了解客户对燃气公司安检服务质量的满意程度。

（3）登门回访

安检后，随机抽取部分工作单，由安检组长或独立技术员以再访客户的形式进行调查，以考查安检技术员的工作水准及客户对安检的意见。

客户服务部安检中心回访登记表

尊敬的燃气客户：

您好！××××燃气公司的宗旨是为客户供应安全、可靠的燃气及亲切、专业、高效的服务，并效力于保护和改善环境。恳请您如实填写，以改进我们工作中的不足，确保以后给您提供更优质的服务，令您倍加满意，谢谢您的合作！

回访人_____回访方式_____

客户姓名_____地址_____电话_____

服务内容	满意	一般	差	备注
衣着衣帽				
安检质量				
现场清理				
安全宣传				
解答咨询				
您的宝贵意见				

2.5.3 户内安全状况分析

案例2-2 ×××住宅小区燃气管道系统安全检查分析报告

（1）安全检查结果

在××××年×月××日至×月××日的检查中成功入户安检893户，安检率为72%，已检查用户中，存在安全隐患的有406户，发《燃气安全隐患告知书》406份，占已安检户数44.8%，具体如下：

A. 户内燃气安全总体状况

饼状图

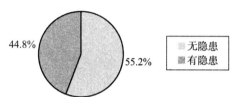

B. 隐患类别分析表

隐患类别	隐患数量	所占百分比
a	2	0.5
b	12	3%
c	12	3%
d	3	0.75%
e	8	2%
f	15	3.75%
g	134	33.5%
h	9	22.5%
i	19	4.75%
j	256	64%
k	27	6.75%

C. 隐患类别分析（条形图）

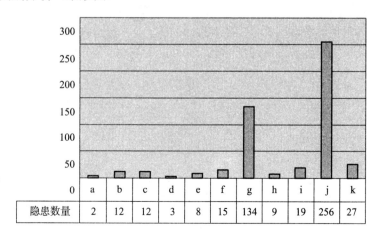

具体隐患类别代码项目如下：

a. 管道腐蚀；

b. 燃气管道暗埋；

c. 使用非专用燃气阀；

d. 燃气管道或设施与燃具距离不符合国家标准规定；

e. 燃气管道或设施处在卧室或浴室中；

f. 钢瓶气与管道气混合使用；

g. 燃气软管不合格；

h. 软管过长、分三通、穿墙、穿门窗；

i. 燃具不合格；

j. 用气场所通风不良；

k. 其他不安全因素。

（2）××××小区户内燃气管道安全状况特点

1）隐患数量多且带隐患用户比例大；

2）超过 15％的居民家中燃气胶管不合格；

3）近 30％的居民用气场所通风不良；

4）部分隐患虽然数量相对较少，但隐患危害极大，须居民立即整改，如管道气与瓶装气混用、燃具不合格、管道或设施暗埋、使用非专用阀门等。

（3）户外地上燃气管道系统安全分析

经安检技术员全面检查，该住宅区户外燃气立管、环管、穿墙管、入户支管及燃气阀门、调压器、阀门箱等状况良好，未发现安全隐患。就其原因来看，主要是小区燃气管道系统投入运行时间短（3 年多）、日常维护保养到位。

（4）根据燃气公司安全隐患整改分类表（见表 2-7）对该小区的安检结果进行安全隐患分析并对其提出相应的整改对策（见表 2-8）。

表2-7

居民用户隐患整改分类表

序号	安全隐患内容	整改责任人	采取措施	收费	后续工作	备注
1	燃气具连接胶管已拆除（用户不用气），未用堵头封堵	安检技术员	1. 检查并关闭用户内球阀 2. 拆除旋塞阀用堵头封堵 3. 核对交费表数，交费气表数少于现表数时，要求用户交纳气费	免费封堵	未追回气款由片区安检责任人作好相关记录，继续跟踪落实	拆下的旋塞阀交用户保存，并在作业记录上备注
2	软管连接处连接不良（未用喉码固定软管接口连接不紧固）	安检技术员	先关闭旋塞阀，开燃气具燃烧完毕，用喉码固定胶管，通气查漏	免费		安检技术员工具包内配备一定数量喉码
3	私自用气（未开户或已开户未点火）	安检技术员、点改技术员	1. 开具《隐患告知书》 2. 督促用户现场办理相关手续，追回气款 3. 同意整改的按点火标准进行作业	按相关作业标准收费	未追回气款由片区安检责任人作好相关记录，继续跟踪落实	根据《深圳市燃气条例》第40、48条，对多次上门（管理处旁证）拒不整改的，停止供气
4	使用非燃气专用胶管	安检技术员	开具《隐患告知书》，用户同意付费更换胶管的，现场整改	托收上门服务费50元	未整改的由片区安检责任人继续跟踪落实	更换胶管不得收取现金
5	使用非燃气专用阀门或旋塞阀	安检技术员	开具《隐患告知书》要求用户整改。如用户同意整改，则现场整改	按整改材料收单标准收费	未整改的由片区安检责任人继续跟踪落实	根据《深圳市燃气条例》第40、48条，对多次上门（管理处旁证）拒不整改的，停止供气
6	管道气与瓶装气混合使用	安检技术员	向用户宣传燃气安全管理规定，告知混用的危害性，劝告用户使用管道，开具《安全隐患告知书》，封堵，刷黄漆并拍照	免费封堵	未整改的由片区安检责任人继续跟踪落实	根据《深圳市燃气条例》，对多次上门（管理处旁证）拒不整改的，停止供气
7	自动抄表系统损坏或失灵	安检技术员	1. 记录机械表读数，核对交费历史记录，追收气款 2. 开具《安全隐患告知书》，上报班组长通知自动抄表公司上门处理	由自动抄表公司向用户收取	作好记录，跟踪整改情况	
8	其他重大安全隐患（如燃气设施周围存放有油漆、天那水等易燃、易爆危险品）	安检技术员	1. 开具《隐患告知书》 2. 向用户宣传燃气安全管理规定，告知危害性，劝告用户立即整改	用户自行整改	未整改的由片区安检责任人继续跟踪落实	

续表

序号	安全隐患内容	整改责任人	采取措施	收费	后续工作	备注
9	未通气户内燃气管道末端未安装丝堵	安检技术员	1. 开具《隐患告知书》 2. 检查并关闭户内球阀,核对表数,用堵头封堵,刷黄漆,拍照	免费封堵		
10	管道系统漏气(含管件、管材、管道连接处)	安检技术员、维修技术员	关闭户内球阀,通知抢修人员按急修处理			抢修人员未到现场时作业人员不得离开
11	燃气设备等漏气(含设施本体及连接处)	安检技术员、维修技术员	关闭户内球阀,通知抢修人员按急修处理	更换设备按整改材料托收单标准收费		抢修人员未到现场时作业人员不得离开
12	调压器堵塞或失灵	安检技术员、维修技术员	关闭户内球阀,更换调压器并收取费用	更换设备按整改材料托收单标准收费		
13	用户私自改管	安检技术员、点改人员	1. 开具《隐患告知书》 2. 向用户宣传燃气安全管理规定,告知危害性,劝告用户立即整改。用户同意时通知点改人员上门按改管处理	按改管标准收费	未整改的由片区安检责任人继续跟踪落实	拒不整改的,提前24小时发出停气通知,予以停气
14	管道严重腐蚀	安检技术员、点改人员	1. 开具《隐患告知书》 2. 告知危害性,劝告用户立即整改 3. 用户同意时通知点改人员上门按改管处理	按改管标准收费	未整改的由片区安检责任人继续跟踪落实	拒不整改的,提前24小时发出停气通知,予以停气
15	胶管过期或老化	安检技术员	开具《安全隐患告知书》,用户同意时付费更换胶管的,现场整改	按每次50元无费收费	未整改的由片区安检责任人继续跟踪落实	
16	胶管过长、分三通、穿墙、穿门窗	安检技术员、点改人员	1. 开具《安全隐患告知书》 2. 向用户宣传燃气安全管理规定,告知危害性,劝告用户立即整改 3. 用户同意整改时通知点改人员上门按改管处理	按改管标准收费	未整改的由片区安检责任人继续跟踪落实	存在严重隐患拒发出停气通知,提前24小时发出停气通知,予以停气

续表

序号	安全隐患内容	整改责任人	采取措施	收费	后续工作	备注
17	供气设施或管道暗埋或铺设不符合国家标准规范要求	安检技术员点改人员	1. 开具《隐患告知书》 2. 向用户宣传燃气安全管理规定，告知危害性，劝告用户立即整改 3. 用户同意通知点改人员上门按改管处理	按改管标准收费	未整改的由抢修人员继续跟踪落实	
18	供气管道或设施与燃气具等距离不符合国家标准规范要求	安检技术员点改人员	1. 开具《隐患告知书》 2. 告知客户燃气管道相关技术标准，告知危害性，劝告用户立即整改 3. 用户同意通知点改人员上门按改管处理	按改管标准收费	未整改的由片区安检责任人继续跟踪落实	存在严重隐患的，提前24小时发出停气通知，予以停气
19	厨房、卫生间、阳台改变用途，导致燃气管道或设施处于卧室或浴室中	安检技术员点改人员	1. 开具《隐患告知书》 2. 告知客户燃气管道相关技术标准，告知危害性，劝告用户立即整改 3. 用户同意通知点改人员上门按改管处理	按改管标准收费	未整改的由片区安检责任人继续跟踪落实	拒不整改的，提前24小时发出停气通知，予以停气
20	燃气具不合格（包括使用直排式、烟道式热水器、超期使用等）	安检技术员	1. 开具《隐患告知书》 2. 向用户宣传燃气安全管理规定，劝告用户立即整改	用户自行更换	未整改的由片区安检责任人继续跟踪落实	存在严重隐患的，提前24小时发出停气通知，予以停气
21	管道（含穿墙管）腐蚀	安检技术员	1. 开具《隐患告知书》 2. 向用户宣传燃气安全管理规定，劝告用户立即整改	户内管按改管标准收费	未整改的由片区安检责任人继续跟踪落实	
22	用气场所通风不良（包括厨柜门、吊顶等未开通风孔）	安检技术员	1. 开具《隐患告知书》 2. 告知客户相关标准及危害性，劝告用户立即整改	用户自理	未整改的由片区安检责任人继续跟踪落实	
23	其他不安全因素（如燃气管道上悬挂物件、安装在室外易遭日晒雨淋的燃气设施未设防保护、旋塞阀安装位置不便于日常操作，燃气阀门操作不灵活、燃气设施缺损）	安检技术员	开具《安全隐患告知书》，向用户宣传燃气安全管理规定，告知危害性，劝告用户立即整改	表箱300元/个，其他按改管相关标准收取费用	未整改的由片区安检责任人继续跟踪落实	

×××小区安全隐患分析及整改措施　　　　　　表 2 - 8

危害分析及其整改对策			
隐患类型	隐患致因	隐患危害	整改措施
用气场所通风不良	1. 低压燃气管道在吊顶内暗封时, 沿管道走向下方吊顶通风的有效面积小于 $0.01m^2/m$ (管道暗封长度); 2. 燃气管道暗封在吊柜, 地柜内时, 吊柜, 地柜的通风面积小于 $0.03m^2/m^2$ (柜底面积)	一旦出现泄漏不能及时发现和将燃气排出, 造成燃气积聚, 酿成着火, 爆炸事故	按要求开设通风泄压口
燃气软管不合格	1. 使用非燃气专用胶管, 2. 使用期限超过两年 3. 胶管老化龟裂 4. 长度超过 2 米 5. 未加设金属套管	极易造成燃气泄漏, 酿成着火和爆炸伤亡事故	立即更换胶管, 建议由燃气公司专业人员更换, 并推荐使用安全性金属软管, 要定期检查, 及时更换破损或老化的胶管
燃具不合格	1. 使用不符合现行国家标准以及政府明令禁止的燃具, 包括无熄火保护装置的灶具, 直排式热水器, 烟道式热水器; 2. 浴室内安装使用非密闭式燃气热水器 3. 燃气灶和热水器的适用气源与供应气源不符 4. 灶具存在质量缺陷	容易导致燃烧不完全或燃烧产生的废气不能排往室外或意外熄火后不能关闭灶具等, 酿成中毒, 着火, 爆炸事故	更换不合格的燃具或找专业改造单位改造与供气气源不符的燃具
瓶装气与管道气混合使用	用户自行拆除管道堵头, 将瓶装气接到燃气管道上使用	1. 造成阀门的误操作或者管道错拆管道堵头而导致燃气大量泄漏, 极易酿成着火和爆炸伤亡事故 2. 瓶装气的压力高达 $5\sim8kg/cm^2$, 而管道系统的调压器和流量表在这么高的压力作用下会造成泄漏, 整栋楼宇的管道气用户家中都可能漏气, 极易导致爆炸和火灾事故, 危害极大	不混用, 只使用其中之一, 如使用瓶装气须由燃气公司派专业技术人员对燃气管道进行封堵, 防止事故的发生。如使用管道气, 则须申请燃气公司派专业技术人员开通
使用非专用燃气阀	用户从市场上购置一些廉价的非专用燃气阀, 私自接通用气	非专用燃气阀门的质量在多次使用后就会暴露出它的缺陷——密封不严、阀体开裂等问题, 导致燃气泄漏, 酿成着火和爆炸伤亡事故	立即向燃气公司申请, 派专业技术人员上门更换为燃气专用阀
软管过长、分三通、穿墙、穿门窗	用户不了解软管使用要求, 自行或委托装修单位私自开通管道气时使用软管超过 2m、分三通、穿柜、墙或门窗	极易造成软管破裂、燃气泄漏, 酿成着火和爆炸伤亡事故	由于此情况存在重大安全隐患, 须立即停止供气。用户应向燃气公司申请, 由燃气公司派专业技术人员对管道进行改装

续表

危害分析及其整改对策			
隐患类型	隐患致因	隐患危害	整改措施
燃气管道或设施处于卧室或浴室中	用户改变了房屋的结构和使用功能，将厨房、阳台等改成了卧室或卫生间后，导致燃气管道和设施处于卧室或浴室中	浴室中的管道长期处于潮湿的环境中，容易腐蚀漏气，酿成着火和爆炸伤亡事故；处于卧室中的管道一旦漏气，极易酿成中毒、着火和爆炸伤亡事故	用户向燃气公司申请，由燃气公司派专业技术人员将管道改至符合相关规范要求的地方后，方可开通用气。用户不得自行或找水电安装人员等非专业人员拆改燃气管道、进行设备移位等作业
燃气管道设施暗埋或暗设不符合国家标准规范	燃气管道设施在装修过程中被暗封在橱柜、壁柜、天花或暗埋在墙体中	容易造成管道设施腐蚀穿孔，导致燃气大量泄漏，且不易察觉，不易扩散，酿成着火、爆炸事故	立即拨打25199999热线电话向燃气公司申请，由燃气公司派专业技术人员更换管道，用户不得自行或找水电安装人员等非专业人员更换燃气管道，进行设备移位
其他不安全因素	户内燃气管道上悬挂杂物，用气完毕不关闭阀门等	悬挂杂物时连接处易松动漏气，用气完毕不关闭阀门一旦胶管开裂（如老鼠咬断、老化等），将会造成大量漏气，酿成着火、爆炸事故	拨打25199999管道气服务热线，委托燃气公司专业技术人员上门查看并整改隐患

课堂练习6

对你负责片区的户内燃气管道系统安全检查情况进行分析，并写出调查报告。

第 3 章　知识拓展

3.1　客户安全检查的常见问题解答

3.1.1　为什么要为客户进行定期安全检查？

安全检查能及时发现客户燃气设施存在的问题和隐患，最低限度地降低客户用气的风险，以防患于未然。

3.1.2　隐患通知单下达后，客户应如何处理？

（1）按隐患通知单的电话号码与×××燃气公司预约整改；

（2）未整改前要注意保持通风，紧急情况拨打抢修电话；

（3）注意检查来人的身份及有无燃气安装施工资质；

（4）注意索取相关收据发票。

3.1.3　怎样处理燃气泄漏？

若在密闭的房间或顶棚内积聚大量的燃气，会引起火灾或爆炸。当您闻到燃气气味或有燃气泄漏时，应立即采取以下措施：

（1）打开所有门窗，让燃气向外散发；

（2）检查灶具是否关闭；

（3）关闭燃气表前总阀，熄灭所有火种，不要开、关任何电器。若燃气灶具和总阀已全部关闭，仍觉察有燃气味，应立即到户外安全的地方拨打×××燃气公司 24 小时紧急抢修热线，并提供以下资料：

1）客户的姓名、地址及用户的电话号码；

2）漏气的详情；

3）客户已采取的安全措施。

3.1.4　户内燃气泄漏严重时应注意什么？

（1）切勿触动任何电开关；

（2）切勿使用室内电话或无线电话；

（3）切勿使用打火机或火柴；

（4）切勿用火检查漏气来源；

（5）切勿按动邻居的门铃；

（6）切勿开启任何煤炉，直到漏气情况得到控制；

（7）防止静电摩擦，禁止金属撞击；

（8）必要时在外等候消防员和抢修人员到来，直到泄漏修复或控制。

3.2 事故应急处理

3.2.1 燃气泄漏的一般处理步骤

（1）果断关闭离事故现场最近的燃气阀门，切断气源；

（2）保证空气流通，降低泄漏区内燃气浓度；

（3）确定警戒区域，进入警戒道路、小区等可请求交警、城管等部门及时封闭；

（4）疏散人员，防止可能出现的中毒或爆炸；

（5）通知燃气公司，查找漏气原因；

（6）正确处理，消除事故按照国家规范及各公司的规定进行，严禁违章操作；禁止单人作业；

（7）不准开关任何电器；

（8）不准按动电钟、门铃及在燃气积聚地点使用电话；

（9）不准吸烟，熄灭所有明火。

3.2.2 室内管道系统泄漏

接警人员尽可能详细了解现场的有关情况，如泄漏部位、泄漏量等，并指导客户关闭入户阀门，打开门窗进行通风，勿使用或开关任何电器。

抢修人员到达现场后，应敲门进户，严禁使用门铃、对讲机或电话通知用户。抢修人员进户后迅速关闭表前阀，打开门窗通风，探测燃气浓度。

（1）燃气浓度达到爆炸极限，即刻关闭上游控制总阀，控制气源，将管道内剩余气体在安全地点排放；设置安全警戒范围，疏散警戒范围内的无关人员，严格控制警戒范围内的所有火源，杜绝一切可能出现火源的操作；同时在安全地点上报相关负责领导，必要时报119请求消防部门支援。

（2）燃气浓度未达到爆炸下限时，打开门窗进行通风，请户内无关人员离开抢修现场。

（3）对户内燃气管道加压到4000Pa，试压查找漏气点。

（4）燃气具发生泄漏，确认关闭阀门后，在保持通风的情况下，将连接设备的阀门卸下，用堵头将管道末端封堵，待燃气具维修试压合格后，重新通气点火。

（5）软管漏气，更换软管，气密性试压合格后再连接燃气具，通气点火。

（6）管道连接丝扣泄漏，确认表前阀关闭，将管道内余气用软管引至安全地点排放。在保持现场通风良好、避免燃气积聚的情况下，拆卸管道至泄漏点，重新安装完毕经气密性试验合格，再连接燃气具，通气点火。

（7）镀锌管或管件本体漏气，确认阀门关闭后，更换漏气管段或管件，重新安装管道试压合格后通气点火。

（8）灶前阀、流量表、调压器等设备损坏，确认阀门关闭后，更换损坏设备，试压合格后通气点火。

3.2.3 表前阀泄漏

（1）关闭上游控制总阀，切断气源，在阀门处应悬挂"燃气维修、禁止开启"警示牌或现场留人监护。

（2）通知管理处具体情况及处理程序，张贴《临时停气通知单》，告知客户具体停气时间、停气范围及停气期间的相关注意事项，指导客户采用正确措施，确保停气与供气的安全，并电话通知公司停气地址、范围、预计停气恢复供气时间及采取的应急措施并向上级领导汇报具体情况。

（3）将主立管内残余燃气引至安全地点排放。

（4）确认现场安全，更换泄漏的表前阀。

（5）在表前阀处连接压力计向主立管内加压至 4000Pa，观察压力变化情况，压力稳定后开启关闭的上游控制总阀，在主立管末端将管道用燃气置换，恢复主管道的正常供气。

（6）恢复室内管道系统，对室内管道系统试压合格后通气点火。

3.2.4 室内燃气火灾或爆炸事故

接警人员尽可能详细了解现场的有关情况，如爆炸范围、人员伤亡、损失情况，并指导用户关闭有关阀门，控制气源，防止发生二次爆炸。

（1）抢修人员迅速到达现场，确保表前阀关闭或上游控制总阀关闭，切断气源，控制火势的进一步蔓延，可用干粉灭火器扑灭初期火灾。

（2）设立警戒范围，维持现场秩序，疏散警戒区内人员，配合消防部门做好警戒工作，防止无关人员进入警戒范围。

（3）如果泄漏无法控制，火势继续蔓延，则扩大警戒范围，疏散警戒区内无关人员，配合消防部门做好警戒工作，防止无关人员进入警戒范围。

（4）向上级领导汇报现场的具体情况并请求支援。

（5）通知停气范围内管理处具体情况及处理程序，张贴《临时停气通知单》，告知客户具体停气时间、停气范围及停气期间的相关注意事项，指导客户采用正确措施，确保停气与供气的安全，并电话通知公司停气地址、范围、预计停气恢复供气时间及采取的应急措施。

（6）面对其他人员的询问，态度不卑不亢地回答，不得发表任何关于火灾情况的言论，告知具体情况可向相关部门负责人了解。

（7）火灾扑灭，进入现场后，保护现场，查找事故的原因并对现场的证据拍照取证，但不得自行破坏事故现场。

（8）配合有关部门查找事故原因，根据现场情况按照现场相关领导的指挥操作。

（9）事故现场处理后，对停气范围内的燃气管道系统进行气密性试验，合格后恢复通气。

3.2.5 燃气中毒及急救

一旦发生燃气泄漏中毒事件，首先按照前面讲到的"燃气泄漏的一般处理步骤"进行，将中毒者抬至空气新鲜处进行抢救。若查明属轻度中毒应做：

（1）稍饮带有刺激性的饮料，如茶、咖啡等，用冷毛巾敷头部使其清醒；

（2）盖上衣被，避免受凉，同时设法使之清醒，不使其入睡；

（3）必要时给以氧气呼吸。

对重度中毒者，除上述工作外，若呼吸停止应做人工呼吸，并送往医院急救。

3.2.6 燃气烧伤急救

一般烧伤程度分三级：一度（红肿型）；二度（水泡型）；三度（坏死型）。

（1）一度烧伤：反复用冷水冷却受伤处；

（2）二度烧伤：不可用冷水冲，否则容易感染恶化。水泡尽量不要弄破，救护人员严禁触摸伤处；如需要脱去被烧伤处粘结的衣裤、鞋袜等，千万不要强撕硬扯，应用剪刀剪开非粘结部分慢慢脱去。烧伤处可涂些盐水或急救烧伤药物，然后送往医院；

（3）三度烧伤：立即送往医院。